GOBOOKS
& SITAK
GROUP©

嬉．生活
Chic 149

會吃就會做的
零失敗甜點

免烤箱、免清洗
零廚藝也能一秒上手的超簡單點心食譜

簡單廚房——著　高秋雅——譯

高寶書版集團

前　言

「最喜歡下廚了，可是超怕麻煩！」
各位讀者大家好，我是懶人料理研究家：簡單廚房。

「不管是誰，都能減少繁雜的製作工序，以少少的材料成功做出美味甜點的簡易食譜」，我正在以這樣的概念，於YouTube投稿各種甜點和料理的影片。

由於從小在製作懶人料理和懶人點心的母親身邊長大，有一段時間，我也曾對那些做工仔細、造型精緻的時尚料理抱持著憧憬，並嘗試製作過。
不過，就在某一次上傳懶人食譜至YouTube後，我從觀眾那裡獲得多到令人難以置信的大量迴響。在驚訝的同時，我感到非常開心，也變得想追求更多樣化的懶人料理！

也許這些完全不需要烹飪技巧的食譜會讓嚴謹的料理專家看了忍不住皺眉，可是，真的每一款都超簡單，嚐起來也十分美味！

不管是生活忙碌、不擅長烹飪還是想和小孩一起嘗試做點心的人，我希望大家都能自在享受製作甜點的樂趣。

本書將YouTube上特別受歡迎及獲得熱烈迴響的作法加以改良，彙整成更加簡單、更加美味的簡易食譜合集。

想要自己輕鬆動手做點心的人，請務必跟著書上的步驟做做看！

這是一本使出我渾身解數、濃縮了究極懶人料理精華的食譜！

大迴響！
人氣甜點 BEST 7

不曉得該做哪一款才好的人，就先看看這裡吧！以下是本書介紹的懶人食譜中，
於 YouTube 上擁有超高觀看次數，迴響特別熱烈的甜點。

 第1位 優格舒芙蕾蛋糕 P.44

人氣No.1的食譜是使用優格來製作的舒芙蕾類型蛋糕！
在YouTube上的觀看次數超過100萬人次。優格特有的
清爽和溫潤口感是這款甜點的特徵，綿軟的蛋糕體以及
入口即化的質地，吃過以後肯定能對它留下深刻印象。
味道清爽不甜膩，分量再多都能吃得完。雖然步驟有一
點點多，卻是一款非常簡單，不易失敗的食譜。喜歡舒
芙蕾的人，請務必嘗試看看。

第2位 披薩乳酪舒芙蕾起司蛋糕 P.42

人氣No.2的食譜，竟然也是舒芙蕾蛋糕！
「披薩用的乳酪絲做起來會好吃嗎？」似乎不少
人會對此感到懷疑，但只要試著做做看，一定會
被它的美味所震懾。稍微帶點披薩乳酪的鹹味，
更加襯出它的美味。不少人被這意外的美味擄
獲，從此一試成主顧。因為使用較便宜的披薩用
乳酪絲，而不是一般起司蛋糕會用的奶油乳酪，
性價比也很出色！

 第3位 世界第一簡單的起司蛋糕 P.62

只要用微波爐加熱2分30秒就完成，這就是世界第
一簡單起司蛋糕的作法！
曾有實際製作過的人跟我說，「我之前到底是在辛
苦些什麼呢？以後做起司蛋糕就只用這個食譜來做
了！」能夠收到這樣的感想，實在讓我非常感激。
雖說是懶人食譜，成品卻一點都不隨便，只要不說
出來，幾乎不會有人發現是用微波爐做的。喜歡起
司蛋糕的人不可錯過喔！

超省錢雞蛋冰淇淋　P.16

使用的材料只有雞蛋和砂糖！
在簡單廚房頻道的影片中，有史以來成本最低的點心。也許大家會懷疑，「做出來真的好吃嗎？」「只用這2種材料就會變成冰淇淋？」按照這份食譜，就能做出口感滑順的古早味雞蛋冰淇淋。不喜歡雞蛋味的人，也可以加入香草精，享受不同的美味。總之先不要想太多，試一次看看就知道了。

鬆脆口感！烤巧克力餅乾　P.14

這也是只用巧克力和低筋麵粉2種材料就能做的巧克力餅乾食譜！
好吃到讓人想像不出來是只靠2種材料做的。不少人會在情人節或聖誕節等日子，將這道點心作為禮物送給重要的人。就只是把材料混在一起烤，步驟也超簡單，一眨眼就能做好，推薦大家可以和小朋友一起試著做做看。

直接用優格杯做的冷凍優格　P.66

説到懶人料理排行榜的話，它絕對是這本書裡的No.1！製作所需的用具，竟然只要一根湯匙。只要把材料直接加進市面上的原味優格容器就能做，是一份簡單到讓人笑出來的食譜。「鬼速製作中！」「我在這個夏天做了超多次！」我收到許多像這樣的迴響，這是一款十分適合夏天的清爽冰淇淋。另外也有豪華版，請大家一定要吃吃看比較一下喔。

製作時間10分鐘！超簡單提拉米蘇　P.34

雖然很喜歡吃提拉米蘇，可是好像很難做，步驟麻煩，材料又不好準備……會這麼想的絕對不只我一個！我想將這款超級無敵簡單的食譜，推薦給有這些想法的人。加入布丁的現做奶油乳酪，其恰到好處的甘甜，與咖啡的微苦形成絕妙平衡。明明是用懶人食譜做出來的，卻能讓人如此滿足！只要照著這份食譜，就能以非常輕鬆的心情嘗試製作提拉米蘇。

懶人烘培的**10**個技巧

懶人料理家懶惰食譜的秘密，就在這10個項目中！哪怕只是輕鬆一些，
爲了更省時、洗更少的東西，以下將把本書採用的懶人料理技巧一次介紹給大家。

1 所有食譜都不用烤箱！

在YouTube上也有介紹會用到烤箱的食譜，
但本書的步驟都已經過改良，不用烤箱也能
做！所有甜點都能靠微波爐或烤麵包機完
成。家裡沒有烤箱，或是覺得烤箱很麻煩的
人也能輕鬆嘗試。如果想用烤箱做做看，也
附上了使用烤箱的作法。

2 最多只會用到5種材料

做甜點的麻煩之處，就是必須備齊平常不太
會用到的材料。不過，這本書裡的點心，最
少只要2種材料就能做，最多也不會超過5
種！而且沒有什麼稀有食材和難買的用具，
都是在附近的超市就能輕易買到的東西。

3 砂糖使用白砂糖，奶油使用有鹽奶油

甜點食譜中，有不少配方會使用細砂糖和無
鹽奶油，可是特地準備實在太麻煩了！為了
能在想吃的時候馬上動手，並盡可能以家裡
現有的東西來製作，本書的食譜，都是用方
便取得又能做出美味甜點的白砂糖和有鹽奶
油。

4 以微波爐加熱，縮短恢復常溫的時間

每當我想做點心的時候，只要有「讓食材恢
復常溫」這個步驟，一下子就會令我失去動
力！所以，我都把恢復常溫的工程交給微波
爐。這樣就不必花時間等待，可以馬上進行
下一步，直到完成為止都能保持幹勁，開心
地一口氣做完。

5 使用不需事先泡軟的即溶吉利丁粉

只要使用無需泡水的吉利丁粉，就能使甜
點製作變得格外容易，誠心推薦給大家！
打開包裝就能直接加入材料使用，簡單又
省時，試過一次就回不去了。懶人料理家
的影片裡所用的，都是不必花時間泡水的
「森永製菓吉利丁粉」。

6

沒有麵粉篩也OK

將麵粉過篩的過程還滿麻煩的。但其實可以用「在碗裡放入麵粉，以打蛋器攪拌」，或是「將麵粉放入塑膠袋裡搖晃」來替代！這樣就不用再洗又細又難清理的篩網了。為了把空氣帶進去，請使用打蛋器來回攪拌，或是裝進塑膠袋裡搖一搖。

7

利用塑膠袋來減少
善後的清洗工作

大家是否有過這種經驗？完成甜點後心滿意足地看向流理台，對於大量等待清洗的烘焙器具感到震驚……這時候用塑膠袋的話就方便多了。本書會盡可能地活用塑膠袋，不但能簡化步驟，還能盡量減少需要清洗的東西。用完的塑膠袋直接丟垃圾桶，一次搞定！

8

連同裝材料的容器也物盡其用

只要是為了方便，什麼都能拿來用！盛裝材料的容器，意外地可以直接用來做甜點。以容器來攪拌，就能減少需要清洗的東西，這也是好處之一。再加上漂亮的包裝能使人心情雀躍，和派對之類的場合也很搭。就這樣直接做，直接豪放地享用吧！

9

油炸類就用平底鍋

本書中需要油炸的點心，會採取以平底鍋用少量油煎炸的作法。這個作法比一般的油炸還要容易許多，也能做出鬆脆口感！不必再為了大量的油準備專用的油炸鍋。懶得處理油，或是想避免油炸類的人請一定要試試。

10

以冷凍庫&冷藏庫
來縮短冷卻時間！

甜點就是想趕快做完趕快吃，為此，必須盡可能減少不必要的等待。將冷卻和凝固的工作交給冷凍庫和冰箱，就能縮短製作時間。記得不能放在冰箱內太久，不然會變得硬梆梆的。要是不小心忘了拿出來，就把甜點放在常溫下軟化。

CONTENTS

首先要準備好這些！
基本的用具

只要準備好一般家庭生活會用到的工具，幾乎整本書的食譜都能跟著做！
其他東西也可以在百元商店或網路上以合理的價錢買到。

烘培器具

- ☐ 耐熱玻璃碗
- ☐ 打蛋器
- ☐ 橡膠刮刀
- ☐ 電子秤
- ☐ 量匙
- ☐ 量杯
- ☐ 電動攪拌器
- ☐ 單柄小湯鍋
- ☐ 有柄淺平底鍋
- ☐ 湯匙、叉子
- ☐ 長筷
- ☐ 刀
- ☐ 砧板

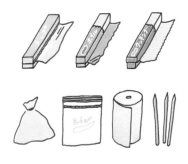

消耗品

- ☐ 保鮮膜
- ☐ 鋁箔紙
- ☐ 烘培紙
- ☐ 塑膠袋
- ☐ 保鮮袋
- ☐ 廚房紙巾
- ☐ 竹籤

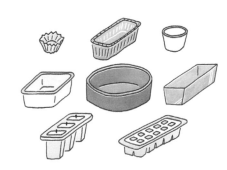

烘培模具

- ☐ 鋁箔烤杯
- ☐ 16cm x 8.5cm x 4.5cm鋁製長條型磅蛋糕烤模
- ☐ 耐熱玻璃杯（容量約150cc）
- ☐ 10cm x 10cm的耐熱容器
- ☐ 直徑15cm可微波加熱的矽膠蛋糕烤模
- ☐ 14cm迷你磅蛋糕烤模
- ☐ 冰棒模具
- ☐ 製冰盒

維持美味的秘訣！
甜點的保存方法

好不容易做出來的甜點，就是想吃出最好的風味！

為了達到這個目的，請參考以下關於各類甜點的適當保存方法。
水分含量越多的甜點，可存放的時間越短。
不加熱、使用鮮奶油製成的要當天吃完，其他則建議在兩三天內享用完畢。

海綿蛋糕類、麵包

趁熱包上保鮮膜的就維持原樣，還沒有包的就用保鮮膜密封包好。
冰過以後會變硬，所以請放在陰涼處常溫保存。在夏季或室溫較高
的情況下，或是有加入香蕉等水果，需冷藏保存。
如果好幾天都吃不完，可以切成一片一片後再用保鮮膜包起來，裝
進密封容器，盡快冷凍保存。解凍後再用烤麵包機加熱，就能回烤
出酥脆好吃的麵包。

起司蛋糕、巧克力蛋糕、甜甜圈、蘋果派

用保鮮膜包好，以密封容器盛裝再放入冰箱保存。與空氣的接觸面
積越少，越能防止劣化，最好以未分切的狀態來保存。如果好幾天
都吃不完，也可以冷凍。先切片，以一片為單位個別冷凍保存。解
凍後的甜甜圈和蘋果派用烤麵包機加熱，就能回烤出美味的口感。

餅乾類

放入保鮮袋之類的袋子中，擠出空氣，常溫保存。像蛋白霜脆
餅或是貓舌餅等容易受潮的點心，請放入乾燥劑，並盡可能保
持密封狀態。

布丁、果凍、慕斯、寒天

為了防止水分流失，用保鮮膜封好，裝進密封容器後放入冰箱保
存。避免容器表面產生凝結的小水珠，最好等冷卻後再進行。

※以上皆以適度烹調和保存為前提。根據季節和烹調狀況，也有可能發生與上述不符的情形，請視實際情況做適當的處理。

本書使用說明

食譜名稱

蓬鬆綿密蛋白霜脆餅
用烤箱做會很花時間的蛋白霜脆餅，改用微波爐做就能超省時！

材料　方便製作的分量

蛋白…1/2個　砂糖…20g　草莓粉（或是可可粉）…2～4g

材料

本書列出的食譜，最多只會用到5種材料！
可以透過附錄的食材分類索引，從剩餘的食材，或是想使用的食材來選擇要製作的食譜。

chapter 2　3種材料就能做

1

將蛋白放入碗中，用電動攪拌器稍微攪拌後，分3次加入砂糖。繼續打發，直到的蛋白霜帶有豎立的尖角。

2

篩入草莓粉，用橡膠刮刀以切拌的方式拌勻。

3

將拌好的麵糊裝入放有星型花嘴的擠花袋，將麵糊擠在烘焙紙上。

過程

所有步驟都有附上照片，可以邊看邊做。

POINT

描述各個過程中需注意的重點。

4

以微波爐加熱1分30秒～2分30秒後，先取出表面烤乾的脆餅。

POINT　還沒乾的脆餅可繼續加熱，每次加熱10秒鐘，避免烤焦。

MEMO 📝
脆餅容易受潮，當天沒吃完的話，請放入加有乾燥劑的密封容器保存。

使用烤箱的作法
將步驟4的麵糊擠在鋪有供焙紙的烤盤上，放入預熱至100℃的烤箱烘烤60分鐘。

使用烤箱的作法

全部的食譜都不需要烤箱，如果想用烤箱來做做看，也有附上使用烤箱的作法。

31

MEMO
描述烹調技巧和延伸作法，以及保存方式等。

- 本書將材料標示為1杯=200cc（200ml），1大匙=15cc（15ml），1小匙=5cc（5ml）。
- 食譜上標明的分量和烹飪時間，會依食材和烹調器具的不同產生個別差異，請視實際情況做適度的調整。
- 微波爐的加熱時間以600 W的產品為基準。若是使用500 W的產品，請以1.2倍為基準，並視實際情況調整加熱時間。
- 烤麵包機以1300 W和200℃的產品為基準。有些烤麵包機無法設定溫度，加上機種的個別差異，請視實際情況做適度的調整。
- 電子鍋以5人份產品和一般煮飯情況為基準。根據機種的不同，是否有蛋糕模式可供選擇等，也會有不適合製作甜點的情況。
- 烤箱以家用電烤箱為基準。
- 在無特殊指定的情況下，火候皆使用中火烹調。
- 使用前請先將所有工具擦拭乾淨。若是沾上多餘的水分和油脂，可能會導致麵團分離和損傷。

Chapter 1

2種材料就能做

想做是想做，可是要備齊各種材料還是有點困難。
有這種煩惱的人，本章的食譜正適合你！
只要雞蛋和砂糖，牛奶和砂糖，或是雞蛋和巧克力……etc.
雖然只用到2種材料，卻都非常美味的超人氣懶人食譜。

鬆脆口感！

烤巧克力餅乾

只用2種材料就能做出這麼好吃的餅乾，
絕對會讓人想多次嘗試！

| 材料　15～17片（一份） |

巧克力…100g　低筋麵粉…60g

1

將剝開的巧克力片放入耐熱玻璃碗，以微波爐加熱50秒～1分鐘。

2

利用餘溫，以橡膠刮刀攪拌，直到巧克力完全融化。

POINT　如果溫度不夠，可繼續加熱5～10秒後再攪拌。注意不能一口氣加熱太久，會導致巧克力燒焦和油水分離。

3

篩入低筋麵粉，用橡膠刮刀攪拌均勻。

4

拌勻後用保鮮膜包好，形成棒狀，放入冰箱冷藏8～10分鐘，使麵團冷卻至方便切的硬度。

POINT　若是變得太硬，就置於常溫下軟化。

5

將麵團切成5mm寬，以適當的間隔鋪在鋁箔紙上。用烤麵包機烘烤4～5分鐘後取出，待餅乾冷卻至酥脆。

POINT　如果途中感覺快要燒焦時，可以蓋上鋁箔紙。

使用烤箱的作法

將步驟5切好的麵團鋪在襯有烘焙紙的烤盤上，放入預熱至150℃的烤箱烘烤約15分鐘。

超省錢雞蛋冰淇淋

雖然「只用雞蛋和砂糖」聽起來很像在騙人，
卻能在一轉眼的功夫就變成美味冰淇淋！

材料 2~3人份

雞蛋（將蛋白和蛋黃分開）…1顆　砂糖…13g

1

將蛋白放入碗中，用電動攪拌器稍微
攪拌後，分3次加入砂糖。繼續打發，
直到蛋白霜帶有豎立的尖角。

2

加入蛋黃，用電動攪拌器攪拌均勻。
POINT　可加入適量香草精增添風味。

3

放入冰箱冷凍凝固3~4小時。

MEMO

請使用乾淨的碗盆和打
蛋器來製作蛋白霜，確
保用具的表面不含任何
油脂和水分！

大家都愛的
古早味煉乳冰淇淋

不必買煉乳，用家裡現成的材料就能做煉乳冰淇淋！
難以忘懷的樸實滋味

材料　2～3人份

牛乳…700cc　　砂糖…70g

1

將牛奶和砂糖放入鍋子中，用橡膠刮刀一邊攪拌一邊用小火煮。
POINT 牛奶在煮的過程中容易溢出。

2

在煮到半滾的時候關火，靜置冷卻。裝入保鮮袋壓平後，放入冰箱冷凍2～3小時，使其凝固。

3

用手揉搓成光滑狀，盛入容器中。

MEMO

完成的煉乳冰淇淋可配上草莓，或是盛在咖啡凍上，做成漂浮冰咖啡也很好吃。

濃厚巧克力冰淇淋

簡單好做的美味甜品。超乎想像的濃郁風味，
每一口都能嘗出巧克力的香醇。

雞蛋（將蛋白和蛋黃分開）…2顆　巧克力…50g

1

將蛋白放入碗中，以電動攪拌器打發，打出濃稠偏硬的蛋白霜。

2

將剝開的巧克力片放入耐熱玻璃碗，以微波爐加熱40秒～50秒。接著用橡膠刮刀攪拌，直到巧克力完全融化。

POINT：如果溫度不夠，可繼續加熱**5～10秒**後再攪拌。注意不能一口氣加熱太久，會導致巧克力燒焦和油水分離。

3

分次加入蛋黃，快速攪拌。

POINT　巧克力從微波爐拿出來以後就會開始冷卻變硬，速度要快。

4

少量加入步驟1的蛋白霜，攪拌均勻。

POINT　蛋白霜消泡也沒關係。

5

將步驟1剩下的蛋白霜加入碗中，用橡膠刮刀以切拌的方式拌勻。

POINT　避免蛋白霜消泡或塌掉，由下往上輕輕翻拌即可。

6

倒入容器，放冰箱冷凍3～4小時。

濃厚牛奶風味司康

咬下鬆脆可口的外皮，就能感受到在口中化開的濃郁鮮奶油滋味。

材料　8～10個（一份）

鬆餅粉…200g　鮮奶油…100cc

1

將所有材料放入碗中，用橡膠刮刀以切拌的方式拌勻，直到麵粉略呈顆粒狀。

2

用手把麵團集中成一團。
POINT　不要搓揉，將麵團緊緊地往中間靠攏就好。

3

把麵團放在工作檯上，用手壓平麵團後，橫向對折。接著再次用手壓按，直向對折。將這個動作重複3次。

4

將麵團放在烘焙紙上，以擀麵棍擀成0.8～1cm的厚度後，用杯子挖成圓形。

5

將挖好形狀的麵團鋪在鋁箔紙上，用烤麵包機烘烤15～18分鐘。擔心烤焦的話，可以在途中蓋上鋁箔紙。

使用烤箱的作法

將步驟5的麵團鋪在襯有烘焙紙的烤盤上，放入預熱至170℃的烤箱烘烤15～20分鐘。

雙層棉花糖慕斯布丁

氣泡綿密的慕斯與Q彈滑嫩的布丁。會自動變成兩層的神奇配方，
增添不同層次的口感享受！

材料 2個（一份）

棉花糖…100g　牛奶…200cc

1

將棉花糖和一半的牛奶（100cc）倒入耐熱玻璃碗中，以微波爐加熱1分鐘～1分30秒。

2

使用打蛋器攪拌，直到棉花糖融化。

POINT　如果溫度不夠融化，可再次加熱10秒後再攪拌。

3

將剩下的牛奶倒入碗中，攪拌均勻。

4

倒進容器中，放入冰箱冷藏2～4小時，使其冷卻凝固。

POINT　根據使用的棉花糖不同，凝固的時間和味道也會有所差異。

21

入口即化巧克力慕斯

超濃厚！第一口就能感受到融化人心的美味。
喜歡巧克力的人絕對會愛上的一道甜點。

鮮奶油…100cc　巧克力…50g

1

用電動攪拌器，將75cc的鮮奶油打至8
分發。

POINT　攪伴器拉起，奶霜的尖角會下
垂。

2

將剝開的巧克力片放入耐熱玻璃碗，
以微波爐加熱40～50秒。接著用橡膠
刮刀攪拌，直到巧克力完全融化。

POIN　如果溫度不夠，可繼續加熱5～
10秒後再攪拌。注意不能一口氣加熱太
久，會導致巧克力燒焦和油水分離。

3

將25cc的鮮奶油少量分次加入碗中，
攪拌均勻。

4

將步驟1的鮮奶油少量加入碗中，仔細
拌勻。

5

將步驟1剩下的鮮奶油加入碗中，以
橡膠刮刀輕輕翻拌。

6

倒進容器中，放入冰箱冷藏1～2小
時，使其冷卻凝固。

只要先攪拌再微波！

現做Q彈麵包

用超簡單的步驟，做出口感軟糯、滋味香甜的絕品麵包！
也很適合拿來當早餐。

材料　4個（一份）

鬆餅粉…150g　原味優格…120g

1

將所有材料放入碗中，用橡膠刮刀以切
拌的方式拌勻。

2

將手沾溼，把麵團分成4等分並捏成球
狀，鋪在塗了一層油的鋁箔紙上。

POINT　由於麵團容易沾黏，將手沾濕
後就要盡快捏好。

3

用烤麵包機烘烤約15分鐘。擔心烤焦的
話，可以在途中蓋上鋁箔紙。

 使用烤箱的作法

將步驟2的麵團鋪在襯有烘焙
紙 的 烤 盤 上 ， 放 入 預 熱 至
180℃的烤箱烘烤約15～20
分鐘。

2

3種材料就能做

太棒了！又是只需3種材料就能製成的簡單食譜。
3種材料的話，就不怕買東西的時候漏買了♪
不光是材料少，一有空檔就能輕鬆快速地做出來，
也是推薦給大家的一大因素！
突然嘴饞想吃點小零嘴的時候，請務必試試這些食譜。

只用烤麵包機就能做

3分鐘餅乾

只需要用烤麵包機烤3分鐘！還可以做成自己喜歡的形狀♪

材料　15～20片（一份）

A | 低筋麵粉…80g　　奶油…40g
　　砂糖…35g

1

將材料A放入耐熱玻璃碗，以打蛋器攪拌，使空氣混入。

2

加入奶油，微波爐加熱20～30秒後取出。用橡膠刮刀以切拌的方式拌勻。

POINT　只要奶油有軟化，沒有完全融化也OK。

3

等麵糊成團到一定程度的時候，用保鮮膜包好，使其形成棒狀。

4

將麵團切成5mm厚度的片狀，捏整成圓形後排列在鋁箔紙上。

5

用烤麵包機烘烤3～4分鐘。

POINT　剛出爐的餅乾會較軟，等冷卻後就會變得酥脆。

　使用烤箱的作法

將步驟4的麵團鋪在襯有烘焙紙的烤盤上，放入預熱至180℃的烤箱烘烤約10分鐘。

用平底鍋輕鬆做！

滑順巧克力布丁

超級簡單！只需要把材料放進鍋裡攪拌再冷卻，
就能做出入口即化、令人無法抗拒的美味滑嫩布丁！

巧克力…50g　牛奶…130cc　吉利丁粉…2g

1

將剝開的巧克力片放入深平底鍋，加入50cc的牛奶後以小火加熱。

2

注意不要煮到沸騰，以橡膠刮刀攪拌，等巧克力完全融化後關火。

3

加入吉利丁粉並攪拌均勻，使其完全溶解。溶解後，將剩下的牛奶加入，快速攪拌。

4

以冰水冷卻鍋具的同時，用橡膠刮刀攪拌至濃稠狀。

5

倒進容器中，放入冰箱冷藏2～3小時，使其冷卻凝固。

MEMO

步驟4是為了讓口感更加滑順。如果想要更省事，可以跳過步驟4，做出來的布丁將會分成雙層。

用平底鍋輕鬆做！

牛奶糖布丁

口感細膩，外觀時尚，簡直就像附近販賣的一樣♪

材料　**2個**（一份）

牛奶糖（使用森永製菓牛奶糖）…30g　牛奶…170cc　吉利丁粉…2g

1

將牛奶糖和50cc牛奶加入單柄小湯鍋，以小火加熱。

2

以橡膠刮刀攪拌，等牛奶糖完全融化後關火。加入吉利丁粉，攪拌均勻，使其完全溶解。

3

將剩下的120cc牛奶加入，快速攪拌。

4

倒進容器中，放入冰箱冷藏2～3小時，使其冷卻凝固。

蓬鬆綿密蛋白霜脆餅

用烤箱做會很花時間的蛋白霜脆餅，改用微波爐做就能超省時！

材料　方便製作的分量

蛋白…1/2個　砂糖…20g　草莓粉（或是可可粉）…2〜4g

1

將蛋白放入碗中，用電動攪拌器稍微攪拌後，分3次加入砂糖。繼續打發，直到的蛋白霜帶有豎立的尖角。

2

篩入草莓粉，用橡膠刮刀以切拌的方式拌勻。

3

將拌好的麵糊裝入放有星型花嘴的擠花袋，將麵糊擠在烘焙紙上。

4

以微波爐加熱1分30秒〜2分30秒後，先取出表面烤乾的脆餅。

POINT　還沒乾的麵糊可繼續加熱，每次加熱10秒鐘，避免烤焦。

MEMO

脆餅容易受潮，當天沒吃完的話，請放入加有乾燥劑的密封容器保存。

使用烤箱的作法

將步驟4的麵糊鋪在襯有烘焙紙的烤盤上，放入預熱至100℃的烤箱烘烤60分鐘。

清爽無負擔！

柔軟有勁豆腐麵包

簡單好吃又健康！好處說不完的豆腐麵包，吃過的人都會愛上。

材料　4個（一份）

奶油…5g　鬆餅粉…150cc　嫩豆腐…120g

1

將奶油放入耐熱玻璃碗，以微波爐加熱
15～20秒，使其融化。

2

將剩下的材料加入融化奶油，用橡膠刮
刀以切拌的方式拌勻，讓麵糊成團。

POINT　豆腐不需去除水分。

3

在手上沾水，將麵團分成4等分並捏成
圓球狀，鋪在塗了一層油的鋁箔紙上。

POINT　由於麵團容易沾黏，將手沾濕後
就要盡快捏好。

4

用烤麵包機烘烤約15分鐘。擔心烤焦的
話，可以在途中蓋上鋁箔紙。

POINT　也可以比照 **P.24**的現做 Q彈麵
包，以同樣的方法用烤箱製作。

世界第一簡單的
經典甜點

大家都喜歡的經典甜點，像是布丁、蜂蜜蛋糕、磅蛋糕等，
不管是材料還是過程，我都盡可能簡化了。
沒有困難的步驟，可以在短時間內成功做好。
懶人料理研究家拍胸脯保證，這是任何人都能做得好吃的食譜！

超簡單提拉米蘇

感覺很難做的提拉米蘇，也能用這份食譜輕鬆快速地做出來！
味道好吃、造型好看，用來招待客人也很適合喔。

即溶黑咖啡…1½小匙　　　　布丁（使用1個67g的江崎固力果Pucchin布丁）…2個
奶油乳酪…70g　　　　　　　餅乾（使用森永製果瑪莉牛奶餅）…6片
可可粉…適量

1 將即溶黑咖啡以40cc的熱水沖泡，製作濃咖啡。

2 將奶油乳酪放入耐熱玻璃碗，以微波爐加熱15～20秒。分次加入布丁，以打蛋器攪拌至光滑狀。

3 將餅乾逐一浸泡在步驟1的咖啡中，浸泡至不會變形的程度，接著將3片餅乾放入寬口淺底的容器裡。

4 將一半的步驟2倒入步驟3中。

5 重複步驟3和4後，放入冰箱冷藏3～4小時。

6 從冰箱取出，於表面均勻地篩上可可粉即可。

古早味焦糖布丁

不管是布丁本身，還是微苦的焦糖，只要有微波爐就可以做出來。
用家裡現有的材料就能做，當成家常點心準沒錯！

・焦糖
　　砂糖…2大匙
　　水…2小匙
　　熱水…2小匙

・布丁液
　　雞蛋…1顆
　　牛奶…150cc
　　砂糖…2大匙

1

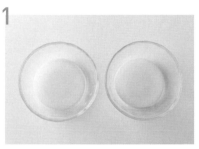

首先製作焦糖液。取兩個耐熱容器，
各加入½大匙砂糖與½小匙水。

2

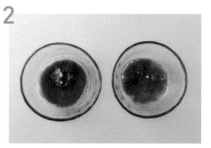

將2個耐熱容器一起放入微波爐，加熱
2分～2分30秒。等外觀呈現焦糖色，
開始冒泡後取出。

3

2碗糖水各加入½小匙的熱水。

POINT　避免糖水飛濺造成燙傷，請沿
著容器邊緣慢慢斟入。

4

將布丁液的材料全部加入碗中，以打
蛋器輕輕攪拌，以免起泡。

5

一邊用濾茶器過濾，一邊將步驟4的布
丁液各倒一半在步驟3的焦糖碗中。

6

將盛有布丁液和焦糖的2個耐熱容器一
起放入微波爐，加熱2分～2分30秒。
冷卻後放入冰箱冷藏約2～3小時。

POINT　等表面形成小氣泡後即可從微
波爐取出，注意不能加熱太久。

圓滾滾軟式可麗餅

圓滾滾的造型配上千層蛋糕的風味，只要用鬆餅粉就可以輕鬆做出來！

材料　**2個（一份）**

鬆餅粉…40g	
牛奶…100cc　油…適量	A｜鮮奶油…100cc
	｜砂糖…2大匙

1

將鬆餅粉加入碗中，一點一點地慢慢加入牛奶後，以打蛋器攪拌至沒有結塊的光滑糊狀。

2

用廚房紙巾在鍋內薄薄地抹一層油，以小火加熱，將步驟1的麵糊倒入¼的量，待兩面呈金黃色後取出。重複同樣的步驟，煎四張餅皮。

3

將材料A放入碗中，以電動攪拌器拌勻，直到打蛋器上的鮮奶油帶有豎立的尖角。

4

待步驟2的餅皮冷卻後，將4張餅皮以垂直的方向疊放。

5

將兩端攤平，鋪上步驟3的鮮奶油霜，接著由下往上將餅皮緊緊地捲起來。

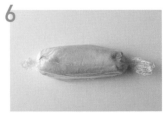

6

用保鮮膜包好，放入冰箱冷藏2～3小時。待冷卻至方便分切的硬度後，取出並切成小塊。

口感溫潤的
自製蜂蜜蛋糕

一出爐就用保鮮膜密封包好是重點。放1～2天更好吃！

材料　16cm x 8.5cm x 4.5cm的鋁製長條型磅蛋糕烤模2個（一份）

雞蛋…2顆　砂糖…45g	A	蜂蜜…50g
鬆餅粉…70g		油…2大匙

1

將雞蛋打入碗中，加入砂糖，用電動攪拌器打發至緞帶狀。

2

加入材料A，繼續以電動攪拌器拌勻。

3

將鬆餅粉加入碗中，以橡膠刮刀攪拌至光滑糊狀。

4

將麵糊各倒一半至2個烤模中，用烤麵包機烘烤約30分鐘。擔心烤焦的話，可以在途中蓋上鋁箔紙。

5

以剪刀在烤模的四角剪出缺口，將蛋糕取出。趁熱用保鮮膜將蛋糕包好，於常溫靜置1～2天。

使用烤箱的作法

將步驟4的麵糊倒入襯有烘焙紙的18cm磅蛋糕烤模中，放入預熱至180℃的烤箱烘烤10分鐘，或是以160℃烘烤約30分鐘。

鮮奶油磅蛋糕

使用大量鮮奶油製作，風味濃醇，溫潤滑順！肯定讓人忍不住一片接一片。

材料 **16cm x 8.5cm x 4.5cm的鋁製長條型磅蛋糕烤模2個（一份）**

雞蛋…2顆

A 鮮奶油…100cc
  砂糖…75g

B 低筋麵粉…100g
  烘焙預拌粉…1小匙

1

將雞蛋打入碗中攪散，加入材料A，用電動攪拌器打發至蓬鬆狀。

2

篩入材料B，以橡皮刮刀橡膠刮刀攪拌至光滑糊狀。

3

將麵糊各倒一半至2個烤模中，用烤麵包機烘烤約30分鐘。擔心烤焦的話，可以在途中蓋上鋁箔紙。

MEMO

在步驟3表面烤出焦色時，以小刀在中央劃出切痕，就能使蛋糕順著切痕漂亮地裂開。

使用烤箱的作法

將步驟3的麵糊倒入襯有烘焙紙的18cm磅蛋糕烤模中，放入預熱至180℃的烤箱烘烤30～45分鐘。

世界第一簡單的
特色甜點

從街頭巷尾的話題甜點,到YouTube上擁有壓倒性人氣的食譜,
本章收集了各種大受歡迎的點心!
連平常在店裡吃的那道甜點,其實也意外地好做。
請務必嘗試看看,成品出爐的瞬間,一定會深受感動♪

披薩乳酪舒芙蕾起司蛋糕

使用披薩乳酪絲而不是奶油乳酪,以便宜實惠的材料做出高貴口感!
些許的鹹味,使美味加倍。

A | 牛奶⋯130cc
　 | 披薩用乳酪絲⋯80g

雞蛋（將蛋白和蛋黃分開）⋯3顆
砂糖⋯60g
低筋麵粉⋯40g

1

將材料A放入耐熱碗中，以微波爐加熱1分30秒後，用打蛋器攪拌均勻。

2

再次以微波爐加熱1分30秒，以打蛋器攪拌至完全融化。靜置一段時間冷卻。

3

將蛋白放入另外一個碗中，用電動攪拌器稍微攪拌後，分3次加入砂糖。繼續打發，直到蛋白霜帶有豎立的尖角。

4

將低筋麵粉篩入步驟2的起司牛奶糊，以打蛋器攪拌。

5

分次加入蛋黃，仔細拌勻。

6

將步驟3中⅓的蛋白霜加入碗中，以打蛋器攪拌均勻。

POINT　蛋白霜消泡也沒關係，仔細拌勻。

7

將步驟3剩下的蛋白霜加入碗中，以橡膠刮刀輕輕翻拌。

POINT　避免蛋白霜消泡或塌掉，由下往上輕輕翻拌即可。

8

在電子鍋的內鍋均勻塗上一層油，將步驟7的蛋糕糊倒入內鍋，使用一般炊煮行程來烘烤。冷卻後直接連內鍋一起放入冰箱冷藏。

POINT　烤好後以竹籤戳刺，若是會沾黏，就再炊煮10分鐘。

使用烤箱的作法

將步驟7的蛋糕糊倒入襯有烘焙紙的直徑15cm蛋糕烤模中，放入預熱至160℃的烤箱，以水浴法烘烤30分鐘。接著用140℃的烤箱，以水浴法烘烤25分鐘。冷卻後直接連烤模一起放入冰箱冷藏。

Chapter **4**

世界第一簡單的特色甜點

43

優格舒芙蕾蛋糕

蓬鬆綿軟，入口即化的美味！
在YouTube突破100萬觀看次數的人氣No.1食譜♪

原味優格…300g　　　　　　牛奶…50cc
（或是希臘優格…150g）　　砂糖…70g
雞蛋（將蛋白和蛋黃分開）…3顆　低筋麵粉…20g

1

將優格瀝除水分，約需7小時，把分量減為原來的一半。

POINT　使用希臘優格就不需瀝除水分。

2

將蛋黃、牛奶、一半的砂糖（35g），以及步驟1的優格加入碗中，用打蛋器攪拌均勻。

3

將低筋麵粉篩入步驟2的蛋黃糊中，快速攪拌。

4

將蛋白放入另外一個碗中，用電動攪拌器稍微攪拌後，把剩下的砂糖分3次加入。繼續打發，直到蛋白霜帶有豎立的尖角。

5

將步驟4中⅓的蛋白霜，加入步驟3的麵糊中，以打蛋器攪拌均勻。

POINT　蛋白霜消泡也沒關係，仔細拌勻。

6

將步驟4剩下的蛋白霜加入碗中，以橡膠刮刀輕輕翻拌。

POINT　避免蛋白霜消泡或塌掉，由下往上輕輕翻拌即可。

7

在電子鍋的內鍋均勻塗上一層油，將步驟6的蛋糕糊倒入內鍋，使用一般炊煮行程來烘烤。冷卻後直接連內鍋一起放入冰箱冷藏。

POINT　烤好後以竹籤戳刺，若是會沾黏，就再炊煮10分鐘。

使用烤箱的作法

將步驟7的蛋糕糊倒入襯有烘焙紙的直徑15cm蛋糕烤模中，放入預熱至160℃的烤箱，以水浴法烘烤30分鐘。接著用140℃的烤箱，以水浴法烘烤25分鐘。冷卻後直接連烤模一起放入冰箱冷藏。

用3種材料就能做的
舒芙蕾起司蛋糕

只用3種材料做出來的蛋糕，竟然可以這麼道地又好吃。
作法簡單到極致的舒芙蕾起司蛋糕食譜！

雞蛋（將蛋白和蛋黃分開）…3顆　砂糖…80g　奶油乳酪…150g

1

將蛋白放入碗中，用電動攪拌器稍微攪拌後，分3次加入砂糖。繼續打發，直到蛋白霜帶有豎立的尖角。

2

將奶油乳酪放入耐熱玻璃碗，以微波爐加熱30～40秒後，攪拌至光滑糊狀，加入蛋黃並拌勻。

POINT　也可以用打蛋器攪拌。

4

將步驟 1 剩下的蛋白霜加入碗中，以橡膠刮刀輕輕翻拌。

POINT　避免蛋白霜消泡或塌掉，由下往上輕輕翻拌即可。

3

把步驟 1 中⅓的蛋白霜加入步驟2的蛋黃糊中，攪拌均勻。

POINT　蛋白霜消泡也沒關係，仔細拌勻。

5

在電子鍋的內鍋均勻塗上一層油，將步驟4的蛋糕糊倒入內鍋，使用一般炊煮行程來烘烤。冷卻後直接連內鍋一起放入冰箱冷藏。

POINT　烤好後以竹籤戳刺，若是會沾黏，就繼續炊煮約10分鐘。

使用烤箱的作法

將步驟5的蛋糕糊倒入襯有烘焙紙的直徑15cm蛋糕烤模中，放入預熱至160℃的烤箱，以水浴法烘烤30分鐘。接著用140℃的烤箱，再次以水浴法烘烤25分鐘。冷卻後直接連烤模一起放入冰箱冷藏。

濃厚巴斯克風味起司蛋糕

外層香醇，內層溫潤。剛出爐的蛋糕質地柔軟而有彈性，
冷卻後就會形成恰到好處的硬度。

材料 **16cm x 8.5cm x 4.5cm的鋁製長條型磅蛋糕烤模2個（一份）**

奶油乳酪…200g　低筋麵粉…2大匙　雞蛋…2顆
蛋黃…1個分　鮮奶油…200cc　砂糖…70g

1

將奶油乳酪放入耐熱容器中，以微波
爐加熱約30秒，使其軟化。

2

將所有材料放入食物調理機，攪拌至
光滑狀。

3

將麵糊各倒一半至2個烤模中，用烤麵
包機烘烤約25分鐘。擔心烤焦的話，
可以在途中蓋上鋁箔紙。冷卻後直接
連烤模一起放入冰箱冷藏。

 使用烤箱的作法

將烘焙紙揉成一團後打開，鋪在直
徑15cm的蛋糕烤模中。把步驟3
的蛋糕糊倒入烤模，放入預熱至
220℃的烤箱烘烤25～30分鐘。
冷卻後直接連烤模一起放入冰箱冷
藏。

奶油葡萄乾夾心餅乾

極致奢華的口感！使用蘭姆葡萄乾，就能做出略帶酒香的成熟大人風味。

材料　4個（一份）

A | 白巧克力（剝成片狀）…40g
　| 奶油…20g

葡萄乾（或是蘭姆葡萄乾）…35g
餅乾（使用森永製菓CHOICE牛奶餅）…8片

1

將材料A放入耐熱玻璃碗，以微波爐加熱40～50秒。攪拌到巧克力完全融化。

POINT　如果溫度不夠，可繼續加熱5～10秒後再攪拌。

2

加入葡萄乾並攪拌，放入冰箱冷藏約10分鐘，使其冷卻。

POINT　藉由短時間的冷卻，讓餡料凝固至方便塞進餅乾的硬度。放冷凍庫也OK。

3

將步驟2的餡料塞進餅乾中，放入冰箱冷藏約1小時。

濃厚滑順布丁蛋糕

乍看之下很難做，其實意外地簡單！
將布丁液和海綿蛋糕糊拌在一起烘烤，
烤好的蛋糕會自動分成2層，每一勺都能嚐出雙重質地。

·焦糖		·布丁液		·海綿蛋糕體
A	砂糖…2大匙 水…2小匙	B	牛奶…300cc 砂糖…50g 雞蛋…3顆	雞蛋…1顆 砂糖…20g 低筋麵粉…25g

1

將材料A加入平底鍋，以小火加熱。待呈現出自己喜歡的褐色後，將焦糖液倒入蛋糕模具中，佈滿整個底部。

POINT　焦糖液溫度很高，小心糖水飛濺造成燙傷。

2

製作布丁液。將材料B直接放入步驟1的平底鍋，不需清洗鍋底。以中火加熱，待砂糖溶解後關火，靜置冷卻。

POINT　注意不要煮到沸騰。

3

將雞蛋打入碗中，以打蛋器攪散後，將步驟2的布丁液一點一點地加入，拌勻。

POINT　若是在還有餘溫的狀態把布丁液一次加入，會使雞蛋遇熱凝固。

4

確認焦糖液是否已冷卻成形，將步驟3的布丁液以濾茶器過濾倒入烤模中。

5

製作海綿蛋糕體。將雞蛋打入另一個碗中攪散，加入砂糖，用電動攪拌器打發至緞帶狀。

6

將低筋麵粉篩入步驟5的雞蛋糊中，以橡膠刮刀輕輕攪拌後，倒入烤模中。

POINT　避免在加熱過程中進水，用鋁箔紙蓋起來。

7

將平底餐盤置於平底鍋中，倒入足以浸泡⅓烤模的水並煮沸。

8

將烤模放入平底鍋，蓋上鍋蓋以極小火加熱30～35分鐘。冷卻後直接連烤模一起放入冰箱冷藏4～5小時。

POINT　注意不要讓水沸騰。

 使用烤箱的作法

烤模不蓋鋁箔紙，放入預熱至160℃的烤箱烘烤25～30分鐘。冷卻後直接連烤模一起放入冰箱冷藏4～5小時。

Chapter
4
世界第一簡單的特色甜點

51

簡單零失敗！用微波爐就能做的
夢幻琥珀糖

外層薄脆，內裡軟嫩。
不只有晶瑩剔透的色澤，嚐起來也別有一番風味♪

	水…100cc	砂糖…150g
A	洋菜粉…2g	刨冰糖漿…1大匙

1

將材料A放入偏大的耐熱玻璃碗，以打蛋器快速攪拌後，用微波爐加熱2分鐘。

POINT　避免溢出，使用容量偏大的耐熱玻璃碗。

2

加入砂糖拌勻，再次以微波爐加熱2分鐘。

3

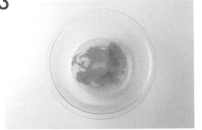

加入刨冰糖漿，拌勻後以微波爐加熱2分鐘。

POINT　糖漿可以選擇自己喜歡的顏色和味道。

4

輕輕攪拌，倒入以水沾濕的容器中，放入冰箱冷藏1～2小時，使其冷卻凝固。

5

切成自己喜歡的形狀，或是用手剝成小塊後，鋪在烘焙紙上。

6

在通風的陰涼處風乾5天左右，定期翻面使其乾燥，待表面結晶化就完成。

懶人飲品輕鬆做

用太白粉做Q彈珍珠

用太白粉做出來的珍珠，咬起來Q韌又彈牙，
正是珍珠會有的口感。

材料　1人份	
A	黑糖…10g　太白粉…20g 水…20cc

1

將材料A放入鍋子中，以橡膠刮刀攪拌後，用大火煮至沸騰。

2

關火，使其稍微冷卻。加入太白粉，盡快拌勻至沒有結塊的光滑糊狀。

3

等麵糊成團後取出，使其形成棒狀，切細，搓圓成紅豆大小。

4

將水煮至沸騰，加入步驟3搓好的珍珠麵團，輕輕攪拌，避免麵團黏在一起。等珍珠都浮起來後，轉小火煮約20分鐘。

5

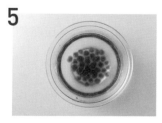

將煮好的珍珠用漏勺撈起，瀝乾水份。放入碗中後，以冷水快速冷卻。

MEMO

這份食譜做出來的珍珠不適合放太久，煮好後請盡快享用。

為大家介紹人氣飲品食譜♪

可以輕鬆地做出1人份，想稍微喘口氣、來杯飲料休息一下的時候，或是有客人來訪時，都可以試著做做看。

搖搖咖啡凍飲

把果凍和牛奶混在一起，
就能調配出適合休憩時間的飲料！

材料　1人份	
A	即溶黑咖啡…1小匙 砂糖…1小匙 水…50cc	吉利丁粉…20g 水…50cc 牛奶…依個人喜好

1 將材料A放入耐熱容器中，以微波爐加熱40秒。

2 篩入吉利丁粉，以橡膠刮刀攪拌至完全溶解。

3 加水快速攪拌，放入冰箱冷藏1～2小時，使其凝固。

4 用湯匙將步驟3的咖啡凍舀入杯子中，倒入牛奶。

POINT 可依個人喜好加入糖漿，調整甜度。

MEMO

最後再加上少許鮮奶油，就能完成濃厚的奶香風味。用豆漿代替牛奶也很好喝！若想做出咖啡館風格的漂浮飲品，可以在上層擠上發泡鮮奶油，或是舀入一球冰淇淋。

法拉沛冰咖啡

冰涼爽口的美味！
在家裡就能做出咖啡館的味道。

材料 1人份	
A 砂糖…2大匙 即溶黑咖啡…1大匙 熱水…1大匙	冰塊…10～11顆 牛奶…80cc

1

將材料A放入耐熱容器中，以湯匙
攪拌至完全溶解。

2

放入1顆冰塊，攪拌使咖啡冷卻。
POINT 確實做好冷卻很重要的。

3

將步驟2的咖啡倒入果汁機，並加
入剩下的冰塊和牛奶。待攪拌完成
後，倒入玻璃杯中。

MEMO 🗒️

請根據家裡的冰塊大小，調
整加入的冰塊數量。若是冰
塊加太少，會使喝起來的口
感不夠爽脆，加太多則會使
味道變淡。

Chapter

5

先攪拌再加熱就好

懶人料理家最擅長的超省時＆超簡單食譜，
只要「先攪拌再加熱就好」！
把烤蛋糕的任務交給微波爐，一下子就能做好。
而且作法相當容易，用簡單的步驟就能做出難以置信的美味。
要不要馬上用微波爐來做做看今天的點心呀？

綿潤濃厚巧克力蛋糕

巧克力味十足，沉甸甸的厚實蛋糕！
只需透過攪拌和微波，就能做出讓人驚豔的美味。

A｜巧克力（剝成片狀）…150g
　｜奶油…60g

鬆餅粉…30g
雞蛋…1顆
鮮奶油…50cc

1
將材料A放入耐熱玻璃碗，以微波爐加熱1分鐘。利用餘溫，以打蛋器攪拌，直到巧克力完全融化。

POINT　如果溫度不夠，可繼續加熱5～10秒後再攪拌。

2
將剩下的材料加入碗中，以打蛋器拌勻。

3
將步驟2的麵糊倒入蛋糕烤模中，用橡膠刮刀把表面刮平。輕輕包上一層保鮮膜，以微波爐加熱約4分30秒。

4
等蛋糕降至能夠用手觸碰的溫度，便可將其從烤模中取出。以保鮮膜緊緊包裹，冷卻後放入冰箱冷藏1天。

POINT　剛從冰箱裡拿出來會很硬，在吃之前要先置於常溫退冰。

Chapter 5
先攪拌再加熱就好

MEMO 🗒️

根據微波爐機種和擺放位置的差異，受熱程度也會有所不同。因此，只要能在製作的過程中掌握自家微波爐的特性，就能烤出更加美味的成品。

香氣濃郁的紅茶蛋糕

以茶入味，帶有紅茶高雅香氣的蛋糕。
選用大吉嶺或是格雷伯爵茶包都OK，請試著用自己喜歡的紅茶品種做做看♪

A | 牛奶…120cc
  | 紅茶茶包（將茶葉取出）…2包

B | 雞蛋…2顆
  | 砂糖…3大匙
  | 鬆餅粉…150g

1

將材料A放入耐熱玻璃碗，以微波爐加熱1分30秒。以打蛋器攪拌後靜置冷卻。

2

將材料B加入碗中，攪拌均勻。

3

將鬆餅粉加入碗中，以打蛋器攪拌至沒有結塊的光滑糊狀。

4

將麵糊倒入蛋糕烤模中，輕輕包上一層保鮮膜，以微波爐加熱約4分鐘。

5

等蛋糕降至能夠用手觸碰的溫度，便可將其從烤模中取出。以保鮮膜緊緊包裹，置於常溫冷卻。

Chapter
5

先攪拌再加熱就好

MEMO

趁熱包上保鮮膜，就能使蛋糕質地綿潤，不會吃起來乾巴巴的。

世界第一簡單的起司蛋糕

令人難以置信的簡單！
跟著步驟就能做出正宗又道地的起司蛋糕，一款大受好評的食譜。

材料　10cm x 10cm的耐熱容器1個（一份）

A｜奶油乳酪（退冰至常溫）…100g　　鮮奶油…100cc　雞蛋…1顆
　｜砂糖…45g　　　　　　　　　　　低筋麵粉（過篩）…15g

1

將材料A放入碗中，用打蛋器以刮擦碗底的方式攪拌。

2

將剩下的材料全部加入碗中，攪拌至光滑糊狀。

3

在耐熱容器的內層鋪上保鮮膜，將步驟2的麵糊倒入容器中，輕輕包上一層保鮮膜，以微波爐加熱約2分30秒。

4

冷卻後放入冰箱冷藏1～2小時。

POINT　將蛋糕放入冰箱冷藏時，避免口感乾燥，可在表面蓋上一層保鮮膜。

軟綿綿蜂蜜蛋糕

口感和味道都能治癒人心的鬆潤質地！
感到有點累時就會想吃的一款甜點。

材料　直徑15cm的矽膠蛋糕烤模（可微波加熱）1個（一份）

雞蛋…2顆　鬆餅粉…150g　蜂蜜…60g
原味優格…50g　油…20cc

1

將雞蛋打入碗中，以打蛋器攪拌至蓬
鬆狀。

2

將剩下的材料全部加入碗中，快速攪
拌。

3

將步驟2的麵糊倒入烤模中，輕輕包上
一層保鮮膜，以微波爐加熱約4分鐘。

4

等蛋糕降至能夠用手觸碰的溫度，便
可將其從烤模中取出。以保鮮膜緊緊
包裹，置於常溫冷卻。

無糖香蕉蛋糕

不使用任何砂糖，以香蕉本身的甜味來製作的香蕉蛋糕。
也很推薦給小朋友吃喔！

直徑15cm的矽膠蛋糕烤模（可微波加熱）1個（一份）

香蕉…2根　鬆餅粉…150g
雞蛋…1顆　牛奶…3大匙　油…3大匙

1

將香蕉剝成小塊放入碗中，用叉子把
香蕉壓碎。

2

將剩下的材料全部加入碗中，攪拌均
勻。

3

將步驟2的麵糊倒入烤模中，輕輕包上
一層保鮮膜，以微波爐加熱約4分30
秒。

4

等蛋糕降至能夠用手觸碰的溫度，便
可將其從烤模中取出。以保鮮膜緊緊
包裹，置於常溫冷卻。

用現成的容器就能做

這一章介紹的點心，可以豪爽地直接使用現成容器來製作。
每一款皆有令人印象深刻的造型，都是能取悅人心的甜點。
除了作為每天的點心，在家庭聚會或其他活動登場的話，
一定能使氣氛熱絡起來！

直接用優格杯做的冷凍優格

需要洗的東西就只有湯匙！簡單又超好吃，試過一次就會愛上它。

材料　優格杯（400g）1個（一份）

原味優格400g
（使用明治保加利亞LB81優格）

A｜砂糖…4大匙
　｜牛奶…4大匙

1

將材料A直接加入優格中，以湯匙攪拌，蓋上蓋子放入冰箱冷凍約2小時。

2

從冷凍庫取出並以湯匙攪拌，再次放回冷凍庫，使其凝固至喜歡的硬度。

POINT　若想使口感更加滑順，可以在途中攪拌數次。

豪華版冷凍優格

冷凍優格的豪華升級版！奶香濃郁，讓人只想自己一個人獨占的夢幻冰品。

材料　優格杯（400g）1個（一份）

原味優格400g
（使用明治保加利亞LB81優格）

A｜煉乳…8大匙
鮮奶油…4大匙
香草精…10滴

1 將材料A直接加入優格中，以湯匙攪拌，蓋上蓋子放入冰箱冷凍約2小時。

2 從冷凍庫取出並以湯匙攪拌，再次放回冷凍庫，使其凝固至喜歡的硬度。

POINT　若想使口感滑順，可以在途中攪拌數次。

直接用牛奶盒做的杏仁豆腐

每個人從小到大的夢想！裝滿整個牛奶盒的大分量杏仁豆腐。
杏仁霜和鮮奶油正是美味的祕訣。可以在進口食品專賣店或是
烘焙材料行買到杏仁霜。

牛奶（使用森永製菓好喝牛乳）…700cc
吉利丁粉…15g
鮮奶油…200cc

A｜杏仁霜…9大匙
　｜砂糖…6大匙

1

在1公升牛奶盒全新未開封的狀態下，
倒出300cc，讓盒中只剩下會用到的
700cc牛奶。

2

把700cc裡的500cc牛奶倒入耐熱玻
璃碗中，加入材料A，以打蛋器攪拌
均勻。

3

以微波爐加熱3分～3分30秒，將材料
拌勻至溶解。

4

趁熱加入吉利丁粉並快速攪拌，使其
完全溶解。

POINT　為了方便從盒中取出，完成的
布丁口感會偏硬。若是想要綿滑一點的
口感，可以調整吉利丁粉的用量。

5

一邊用濾茶器過濾，一邊將步驟4的杏
仁豆腐液倒入裝有200cc牛奶的牛奶
盒中，並加入鮮奶油。

6

用手將封口密合壓緊，上下搖晃，使全
體充分混合。接著放入冰箱冷藏5～6小
時，使其冷卻凝固。

直接用牛奶盒做的布丁

每個人從小到大的夢想Part2！請盡情享用大分量的幸福甜點♪

材料　1公升牛奶盒1個（一份）		
牛奶（使用森永製菓好喝牛乳）…900cc 吉利丁粉…20g	A	煉乳…5大匙 砂糖…4大匙

1

在1公升牛奶盒全新未開封的狀態下，倒出100cc，讓盒中只剩下會用到的900cc牛奶。

2

把900cc裡的500cc牛奶倒入耐熱玻璃碗中，加入材料A，以打蛋器攪拌。

3

以微波爐加熱2分30秒，趁熱加入吉利丁粉，快速攪拌至完全溶解。

4

將步驟3的布丁液，倒入裝有400cc牛奶的牛奶盒中。

5

用手將封口密合壓緊，上下搖晃，使布丁液和牛奶充分混合。接著放入冰箱冷藏5～6小時，使其冷卻凝固。

MEMO

為了方便從盒中取出，完成的布丁口感會偏硬。若是想要綿滑一點的口感，可以調整吉利丁粉的用量。

直接用牛奶盒做的起司慕斯蛋糕

不僅外觀令人印象深刻，嘗起來也格外好吃！一下子就會賣光光。

材料　1公升牛奶盒1個（一份）	
牛奶（使用森永製菓好喝牛乳）…500cc 奶油乳酪（退冰至常溫）…400g	砂糖…85g 檸檬汁…2大匙 吉利丁粉…10g

1

在1公升牛奶盒全新未開封的狀態下，倒出500cc，讓盒中只剩下會用到的500cc牛奶。

2

把500cc裡的300cc牛奶，連同奶油乳酪和檸檬汁一起放入食物調理機，攪拌至光滑狀。

3

把剩下的200cc牛奶和砂糖放入耐熱玻璃碗，以打蛋器快速攪拌。

4

以微波爐加熱1分10秒～ 1分20秒，趁熱加入吉利丁粉，快速攪拌至完全溶解。

5

將步驟4的材料加入步驟2的食物調理機中，再次攪拌。

6

將攪拌好的蛋糕糊倒入牛奶盒中，放入冰箱冷藏5～6小時，使其冷卻凝固。

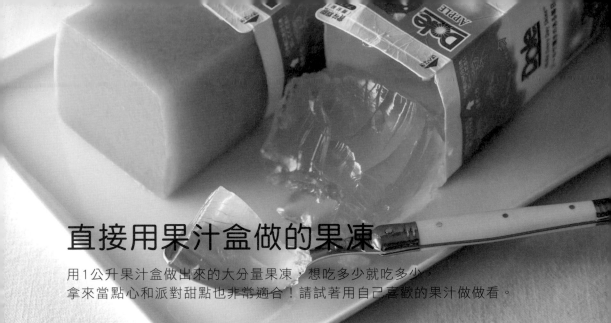

直接用果汁盒做的果凍

用1公升果汁盒做出來的大分量果凍，想吃多少就吃多少，
拿來當點心和派對甜點也非常適合！請試著用自己喜歡的果汁做做看。

材料　1公升果汁盒1個（一份）

果汁（使用100%果汁）⋯1公升　　吉利丁粉⋯20g

1

將果汁退冰至常溫後，在耐熱
容器中倒入200cc。

2

以微波爐加熱1分10秒～1分
20秒，趁熱加入吉利丁粉，以
打蛋器快速攪拌至完全溶解。

3

將步驟2的材料倒回原先的果
汁盒中。

4

用手將封口密合壓緊，上下搖
晃，使全體充分混合。接著放
入冰箱冷藏5～6小時，使其冷
卻凝固。

MEMO

將果凍從果汁盒取出的時候，可以按壓
果汁盒的盒身，讓果汁盒與果凍之間產
生空氣，就能使果凍順順地滑出來。本
食譜的甜度較低，可依個人喜好加入
1～3大匙的砂糖，調整甜度。

Chapter

7

用塑膠袋做甜點

懶到極致的塑膠袋食譜，一下子就能降低製作門檻！
由於實在太過簡單，甚至會讓人忘了自己正在做甜點。
需要清洗的用具很少，也是這些食譜最讓人高興的地方♪

當作伴手禮也很適合♪

溫潤鬆軟瑪芬蛋糕

沒有比這個更好做的瑪芬蛋糕了！步驟簡單卻超好吃，絕對會讓人想多次嘗試。

材料　鋁箔杯6個（一份）

鬆餅粉…150g　雞蛋…1顆
牛奶…60cc　砂糖…50g　油…60cc

1

將所有材料放入塑膠袋中，以手混合，直到呈現無粉末的糊狀。

2

剪下塑膠袋的一角，將麵糊從缺口擠入鋁箔杯中。

3

用烤麵包機烘烤18～20分鐘。擔心烤焦的話，可以在途中蓋上鋁箔紙。

MEMO

等蛋糕降至能夠用手觸碰的溫度，以保鮮膜緊緊包裹，就能維持溼潤的口感。

使用烤箱的作法

將步驟3的鋁箔杯鋪在襯有鋁箔紙的烤盤上，放入預熱至180℃的烤箱烘烤15～20分鐘。

零砂糖！

香蕉甜甜圈

這也是不使用任何砂糖，只以香蕉本身的甜味來製作的甜甜圈。
口感樸實自然，不會過於甜膩♪

材料 10～12個（一份）

香蕉…1根　鬆餅粉…150g　雞蛋…1顆　油…適量

1

將油以外的所有材料放入塑膠袋中，
一邊用手把香蕉壓碎，一邊仔細搓
揉，直到呈現無粉末的糊狀。

2

在平底鍋倒入深約1cm的油，加熱至
170℃後轉為小火。將步驟1的塑膠袋
剪開一角，從缺口擠出麵糊後，用廚
房剪刀剪斷。

3

炸至酥脆後翻面，直到表面呈現金黃
色。

MEMO

單靠香蕉的甜味就很好吃，
但也可以加入砂糖或是淋上
巧克力醬，配上冰淇淋之類
等，依個人喜好做出變化。

用微波爐做雪球酥餅

入口即化的酥鬆質地。用塑膠袋和微波爐就能超快完成的一款餅乾！

材料　約16個（一份）

A｜低筋麵粉…100g
　｜砂糖…3大匙

油…3大匙
糖粉…可依個人喜好調整用量

1

將材料A放入塑膠袋中，上下搖晃。

POINT　想做可可口味，可將麵粉減1大匙，改加可可粉。

2

加入油，用手揉搓混合，直到袋中的麵糊成團。

3

從塑膠袋取出麵糊，以刮刀之類的工具將麵糊分成16等分，各自捏成圓球狀。

4

將麵團鋪在襯有烘焙紙的容器中，以微波爐加熱2～3分鐘。

POINT　可以把烤好的先取出，以免烤焦。

5

冷卻後篩上糖粉。

MEMO

剛出爐的餅乾會呈現較軟狀態，等冷卻後就會變得酥脆。

76

薄脆貓舌餅乾

有多的蛋白就做這個吧！重點是以塑膠袋混合材料時，要將材料確實混勻。

材料　約16個（一份）

A ｜ 砂糖…15g
｜ 奶油…15g

蛋白…½個
低筋麵粉…15g

1

將材料A放入塑膠袋中用手揉搓，混合至光滑狀。

2

分次加入蛋白，用手仔細揉搓，以摩擦的方式混合。

POINT　必須在步驟**1**、**2**將材料確實混勻。

3

篩入低筋麵粉，揉搓成無粉末的糊狀。

4

將塑膠袋的一角剪出缺口，在塗上一層油的鋁箔紙上，把麵糊擠成平坦的圓形。

POINT　麵糊偏薄才會酥脆。

5

用烤麵包機烘烤7～10分鐘。擔心烤焦的話，可以在途中蓋上鋁箔紙。

POINT　冷卻後就會變得酥脆。

 **使用烤箱的作法**

將步驟4的麵糊擠在襯有烘焙紙的烤盤上，放入預熱至180℃的烤箱烘烤10分鐘。

香酥杏仁瓦片

不用準備烤模，只需輕輕攪拌，再將鋪平的麵糊放入烤麵包機就好。
利用超短的時間，就能烤出一盤時尚優雅的薄脆瓦片！

A | 雞蛋…½顆
   | 砂糖…20g

低筋麵粉…25g
杏仁切片…40g

1

將材料A放入塑膠袋中，用手仔細揉搓，以摩擦的方式將材料混合。

2

篩入低筋麵粉，揉搓成無粉末的糊狀。

3

加入杏仁切片，用手輕柔地混合。
POINT　注意不要把杏仁切片弄碎。

4

將塑膠袋的一角剪出較大的缺口，把麵糊擠在塗上一層油的鋁箔紙上，用橡膠刮刀將麵糊刮成薄薄一層。

5

用烤麵包機烘烤13～15分鐘。擔心烤焦的話，可以在途中蓋上鋁箔紙。烤好後，趁熱切成小片。

使用烤箱的作法

將步驟4的麵糊擠在襯有烘焙紙的烤盤上，用橡膠刮刀刮成薄薄一層後，放入預熱至160℃的烤箱烘烤15～20分鐘。

Chapter
7

用塑膠袋做甜點

乳香濃厚！

巴西起司麵包球

香酥軟Q的麵包球，是大人和小朋友都愛吃的點心。

材料　12個（一份）

A｜糯米粉…50g
　｜牛奶…50cc

B｜披薩用乳酪絲…70g
　｜鬆餅粉…25g

1

將材料A放入塑膠袋中，用手揉搓，以摩擦的方式將材料混合至沒有結塊的光滑糊狀。

2

加入材料B，繼續用手搓揉混合，直到袋中的麵糊成團。將麵團分成12等分的球狀。

3

鋁箔紙塗上一層油，放上麵團，烘烤15分鐘。擔心烤焦的話，可以在途中蓋上鋁箔紙。

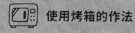 **使用烤箱的作法**

將球狀麵團鋪在襯有烘焙紙的烤盤上，放入預熱至180℃的烤箱烘烤10～15分鐘。

用平底鍋油煎的點心
甜點篇

由於處理起來很麻煩，容易被敬而遠之的油炸類，
以少量的油煎炸就能解決這個煩惱！
就連不知如何下手的甜甜圈和派餅也能輕鬆嘗試。
當然，美味有保證！

蓬鬆香軟優格甜甜圈

口感軟綿的關鍵就是優格！
墊上一層烘焙紙就能輕鬆讓麵糊成形，不用另外準備甜甜圈烤模。

A
雞蛋…1顆
原味優格…70g

鬆餅粉…150g
油…適量　砂糖（塗撒用）…適量

1

將材料A放入碗中，以打蛋器攪拌均勻。

2

加入鬆餅粉，以橡膠刮刀輕輕翻拌。

3

把拌好的麵糊放入塑膠袋中。將塑膠袋的一角剪出缺口，在剪成10cm正方形的烘焙紙上，把麵糊擠成甜甜圈的形狀。

4

在平底鍋倒入深約1cm的油，加熱至170℃後轉為小火。將步驟3的麵糊連同烘焙紙放入鍋中，煎好其中一面後翻面，取下烘焙紙。

5

等兩面都炸至酥脆後，把油瀝乾，趁熱撒上大量砂糖。

MEMO

在步驟3剪下塑膠袋的一角時，先稍微剪一個小缺口就好，再視情況調整成適當的大小。

心型甜味吉拿棒

造型可愛又好做的吉拿棒。
除了心型，也可以試著做出各種不同的形狀，說不定會帶來許多樂趣喔！

	雞蛋…1顆	鬆餅粉…150g
A	牛奶…1大匙	油…適量
	油…1大匙	砂糖…適量

1

將材料A放入碗中，以打蛋器攪拌均勻。

2

加入鬆餅粉，用橡膠刮刀以切拌的方式攪拌。

3

將拌好的麵糊裝入放有星型花嘴的兩層擠花袋，在剪成8cm正方形的烘焙紙上，把麵糊擠成愛心的形狀。

POINT　由於麵糊質地偏硬，建議使用兩層擠花袋。

4

在平底鍋倒入深約1cm的油，加熱至170℃後轉為小火。將步驟3的麵糊連同烘焙紙放入鍋中，煎好其中一面後翻面，取下烘焙紙。

5

等兩面都炸至酥脆後，把油瀝乾，趁熱撒上大量砂糖。

MEMO

如果想要更簡單一點，也可以把麵糊擠成棒狀，就能做出像是電影院或遊樂園會賣的樣子。

餃子皮蘋果派

用餃子皮來做的話，就連蘋果派也是小菜一碟！
酥脆的外皮配上熱呼呼的濃滑蘋果內餡，真讓人受不了。

	蘋果…1顆	餃子皮…15張
A	砂糖…25g	油…適量
	奶油…10g	

1

將蘋果切丁，放入耐熱容器中。

2

加入材料A，以微波爐加熱4分鐘後取出，用橡膠刮刀拌勻。

3

再次以微波爐加熱4分鐘。用橡膠刮刀攪拌好後，靜置一段時間冷卻。

4

將步驟3的蘋果餡，取適量放在餃子皮上。在餃子皮邊緣沾上一些水，把餃子皮對折壓緊後，用叉子壓出花紋。

5

在平底鍋倒入深約5mm的油，以中火加熱。將步驟4包好的餃子放入鍋中，煎至兩面酥脆。

MEMO

包餡時，若是蘋果餡餘熱未退，容易讓餃子皮變濕和裂開，請等蘋果餡確實冷卻後再開始包。

餃子皮巧克力香蕉派

融化的巧克力、香蕉與酥脆派皮的組合,比想像中還要好吃5倍♪

材料　15個(一份)

香蕉…1根　巧克力…50g　餃子皮…15張　油…適量

1

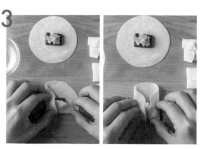

將香蕉切丁,並把巧克力剝成片狀。

2

將步驟1的內餡,取適量放在餃子皮上。在餃子皮邊緣沾上一些水,把麵皮由下往上折。

3

照著左、右、上的順序折起麵皮,包成四角形。

POINT　香蕉的水分容易讓餃子皮變濕和裂開,包好後要馬上下鍋。

4

在平底鍋倒入深約5mm的油,以中火加熱。將步驟3包好的餃子放入鍋中,煎至兩面酥脆。

春捲皮紅豆沙起司三角派

將餡料層層包裹的春捲皮，經油炸後形成多層次派皮，擁有嶄新風味的精緻甜品！

材料　10個分

春捲皮…5張

A｜紅豆沙…100g
　｜奶油乳酪…50g

溶於水的低筋麵粉…適量
油…適量

1

將春捲皮斜切成兩半。

2

取適量的材料A放在春捲皮上，把麵皮折成三角形。

3

從底部開始往內折成三角形，在麵皮邊緣沾上溶於水的低筋麵粉並壓緊。

POINT　1：1的水和低筋麵粉混合，可用來使春捲皮密合。

4

在平底鍋倒入深約5mm的油，以中火加熱。將步驟3包好的餃子放入鍋中，煎至兩面都酥脆。

遇到這些問題該怎麼辦呢？
點心製作的Q&A

接下來將對經常在YouTube收到的提問作出解說！
請大家將這些方法做為參考，一起做出美味的點心吧♪

Q 蛋白霜打不出泡沫。

A 可能的原因有「油分和水分混在一起」、「雞蛋處於常溫狀態」、「雞蛋存放時間過久」。因此，當蛋白霜起不了泡時，請注意以下幾點並再次嘗試看看。

· 使用乾淨的碗或攪拌機
· 雞蛋從冰箱裡拿出來後就馬上用
· 使用新鮮的雞蛋

另外，蛋黃混在一起時也不容易起泡，所以在敲碎蛋殼時要小心。讓蛋白霜充分起泡是很重要的，但如果起泡過多，就會使質地變得粗糙。打發蛋白霜時，請以出現豎起的尖角和光澤為基準。

Q 吉利丁粉無法凝固。

A 加熱過頭沸騰，或是加熱溫度過低，都無法使吉利丁粉順利凝固。請將加熱的溫度控制在50～60℃，以讓吉利丁粉確實溶解。

另外，在未煮熟的狀態下混合鳳梨和柑橘類等水果，也是造成吉利丁粉不易凝固的原因。若要用到這些材料，請使用罐頭水果。

Q 該怎麼做才能乾淨漂亮地脫模？

A 按照步驟操作卻還是遇到問題，可能是因為電子鍋或矽膠烤模加熱不夠充分。還有，如果是先冷卻再取出的食譜，等確實冷卻後會更好取出。此外，烤模上有刮傷和損壞也是失敗的原因。

本書用的鋁製磅蛋糕烤模，比較不容易完整取出，請在四個角剪出缺口後再脫模。

Q 舒芙蕾膨不起來。

A 當蛋白霜太軟，或是在拌入麵糊時消泡，舒芙蕾就無法膨脹。請確保蛋白霜有充分起泡，再以橡膠刮刀快速攪拌。另外，攪拌好的麵糊沒有即時放入烤箱，也是舒芙蕾容易塌掉的原因。拌勻後請馬上烘烤。

Q 巧克力油水分離了，怎麼辦？

A 巧克力油水分離的原因，通常不是「溫度過高」，就是「水分跑進去」。

以微波爐加熱巧克力時，注意不要加熱過頭。若是不小心讓巧克力油水分離了，可以按自己喜歡的比例加入熱牛奶中，就能變成一杯美味的熱巧克力了♪

Q 果凍無法凝固。

製作果凍的洋菜粉，需要煮沸1～2分鐘來使其溶解。加熱時請確認是否有完全沸騰。

另外，洋菜粉怕酸，如果和檸檬、橘子等柑橘類水果一起煮的話，就會變軟而無法凝固。若要用到這些材料，請將洋菜粉煮至沸騰，等洋菜粉完全溶解後再關火加入材料。

用平底鍋油煎的點心

鹹點篇

說到點心就會讓人想到甜食，不過鹹點也是不可少的♪
和上一章同樣，本章收錄了讓人一試就上癮的人氣鹹點食譜。
有些甚至不需要平底鍋，用微波爐就能做出來！
請務必嚐嚐這種一口接著一口，讓人欲罷不能的危險美味。

越嚼越香起司馬鈴薯球

咬下香酥軟Q的馬鈴薯球外皮，滿滿的融化起司！
雖然簡單，卻是一道讓大人小孩都讚不絕口的點心。

	材料　8個（一份）	
馬鈴薯…2顆	披薩用乳酪絲…30g	披薩用乳酪絲（內餡）…30g
	A ⎧ 太白粉…2大匙	太白粉（沾粉用）…適量
	⎩ 清湯濃縮顆粒…1小匙	油…適量

1

將馬鈴薯去皮，切成2cm的小塊。

2

將切成小塊的馬鈴薯放入耐熱玻璃碗，輕輕包上一層保鮮膜，以微波爐加熱6～7分鐘。

3

加入材料A，一邊用叉子將馬鈴薯壓碎，一邊將全體混合。

4

冷卻後，將薯泥分成8等分，包入適量的披薩用乳酪絲，捏成圓球狀。

POINT　要確實包好，以免乳酪絲在油煎的時候跑出來。

5

將整體沾上一層太白粉。

6

在平底鍋倒入深約5mm的油，以小火加熱。將薯球翻動，炸至酥脆。

當成早餐也不錯♪
馬鈴薯煎餅

酥脆外皮配上熱呼呼的鬆軟內餡，吃了一口就停不下來！

材料　6個（一份）

馬鈴薯…2顆

A
太白粉…1大匙
鹽…適量
黑胡椒…適量

油…適量

1

將馬鈴薯去皮，切成約5mm的丁狀。

2

將切成丁狀的馬鈴薯放入耐熱玻璃碗，輕輕包上一層保鮮膜，以微波爐加熱6～7分鐘。

3

加入材料A，一邊用叉子將馬鈴薯壓碎，一邊將全體混合。

POINT　不用全部壓碎，保留一些顆粒吃起來更有口感。

4

冷卻後將薯泥分成6等分，捏整成餅狀。

5

在平底鍋倒入深約5mm的油，以中火加熱，將兩面都煎至酥脆。

MEMO

做成能一口吃下的大小，當成便當的配菜也很不錯喔。

不管是當點心還是下酒菜都很適合！
培根薯餅

馬鈴薯裡的澱粉具有黏性，切條後注意不要泡水或沖水。

材料 1片（一份）

去皮馬鈴薯…1顆　半片培根…2～3片　油…2大匙

1

將馬鈴薯和培根切絲。
POINT　為了炸出酥脆口感，盡可能切細一點。

2

將油倒入平底鍋，以中火加熱。接著讓培根鋪滿鍋底，並均勻地疊上一層薄薄的馬鈴薯，用鍋鏟邊壓邊煎。

3

等底部炸至酥脆後，晃動平底鍋，讓食材可以滑到砧板上翻面。

4

另一面也用鍋鏟邊壓邊煎，將兩面都煎至酥脆。

用平底鍋做炸薯條

用少少的油也能炸出酥脆口感！偏厚的太白粉麵衣是美味的關鍵。
油炸時，記得在麵衣成形前都不要去動它喔。

馬鈴薯…2顆

A｜太白粉…2大匙
　｜低筋麵粉…1大匙

油…適量
鹽…適量

1

將馬鈴薯去皮，切成條狀。

POINT　想吃酥脆一點可以切細，鬆軟一點則切粗。

2

將切成條狀的馬鈴薯泡水約5分鐘。

3

用廚房紙巾把薯條上的水分確實吸乾。

4

將步驟3的薯條和材料A放入塑膠袋中，充分搖晃，讓全體都能沾上粉末。

5

把沾粉的薯條放入尚未開火的平底鍋中，將油倒入，大約能剛好蓋過薯條的程度。

6

以中火油炸約10分鐘。在底部炸至酥脆前，靜置不動。等炸至酥脆後，翻動整體，炸到表面呈現金黃色。

7

將油瀝乾，撒上鹽巴。

MEMO

從冷油開始炸就不會失敗。
可以炸出酥脆鬆軟的口感。

Chapter
9
用平底鍋油煎的點心‧鹹點篇

健康零負擔！
無油薯片

材料　1～2人份

馬鈴薯…1顆　鹽…適量

1

將馬鈴薯去皮，切成薄片。

2

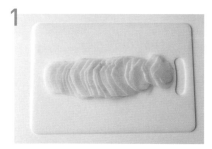

將切好的薄片鋪在烘焙紙上，於表面撒上鹽巴。

3

以微波爐加熱5分鐘。

4

翻面，再次以微波爐加熱1～3分鐘，將烤好的先取出。

POINT　根據擺放位置，每個薯片的受熱程度也會有所不同。

Chapter

10

吐司類點心

只需把食材放在吐司上烘烤，便可立即完成！
無需另外凝固或冷卻，都是可以馬上吃的東西，
特別適合「現在就想吃點什麼！」的人。
因為分量大的緣故，當成早餐或午餐也很OK！

焦香酥脆菠蘿吐司

大家都喜歡的菠蘿麵包也可以用吐司來做，超級簡單。
讓人欲罷不能的奶油香氣，真是幸福的極致♪

奶油…20g

A｜低筋麵粉…2大匙
　｜砂糖…1大匙

吐司…1片

1

將奶油放入耐熱玻璃碗，以微波爐加熱10秒鐘。

POINT　只要奶油有軟化，沒有完全融化也OK。

2

加入材料A，以打蛋器攪拌。

POINT　攪拌至呈現白色蓬鬆狀。

3

將步驟2的麵糊塗抹在吐司上，以小刀刀背之類的工具在吐司上劃出格紋。接著用烤麵包機烘烤4～5分鐘，直到吐司烤出焦色。

MEMO

剛烤好的吐司會比較鬆軟，靜置一段時間後就會變得酥脆。

用布丁做出法式吐司風味

將熱呼呼的融化布丁和吐司麵包一起大口咬下的瞬間，這就是法式吐司！

材料　吐司1片（一份）

吐司…1片
布丁（使用1個67g的江崎固力果Pucchin布丁）…1個

1

將吐司放在鋪有鋁箔紙的烤盤上。用湯匙將布丁舀出，塗在吐司上。接著用烤麵包機烘烤6～7分鐘，直到布丁融化。

MEMO

避免布丁灑出來，
烤的時候要在底下
鋪一層鋁箔紙。

牛奶糖×烤棉花糖夾心吐司

牛奶糖的香氣，加上在口中化開的融化棉花糖，太邪惡的美味了！

材料　吐司1片（一份）

牛奶糖（使用森永製菓牛奶糖）…15g
吐司…1片　棉花糖…喜歡的量

1

將牛奶糖切成2mm寬，撒在整片吐司上。

2

用烤麵包機烘烤1分鐘。

3

棉花糖鋪在整片吐司上，烘烤2～3分鐘，直到吐司烤出焦色。

POINT 避免棉花糖烤焦，烤的時候要注意顏色變化。

MEMO

由於棉花糖比較容易烤焦，先只烤牛奶糖，讓其融化。

法式明太子風味烤吐司

喜歡吃法式明太子的人絕不能錯過！
有了這份食譜就能隨時輕鬆享用，想吃多少就吃多少。

材料　吐司1片（一份）

奶油…1大匙

A｜明太子…20g
　｜美乃滋…1大匙

吐司…1片
海苔絲…適量

1

將奶油放入耐熱玻璃碗，以微波爐加熱10秒。加入材料A，用湯匙攪拌。

2

將攪拌好的明太子醬塗抹在吐司上，用烤麵包機烘烤3～4分鐘，直到吐司烤出焦色。

3

最後再撒上海苔絲就完成了。

MEMO

在步驟1中額外加入大蒜或起司也很美味。

讓人一吃就上癮的
起司培根蛋吐司

把起司培根蛋搬到了吐司上。分量充足，可以吃得很飽♪

材料　吐司1片（一份）

半片培根…2片　吐司…1片　美乃滋…適量
雞蛋…1顆　披薩用乳酪絲…適量

1

將培根切成比較方便吃的大小。

2

將吐司放在鋪有鋁箔紙的烤盤上，沿著邊緣擠上美乃滋。接著壓住吐司的中心，壓出一個凹陷後，打入雞蛋。

3

將步驟1的培根和披薩用乳酪絲撒在吐司上，用烤麵包機烘烤5～7分鐘，直到吐司烤出焦色。

MEMO

喜歡吃半熟蛋的人可以縮短烘烤時間，喜歡吃全熟的人則可以烤久一點。

起司蛋糕風味烤吐司

優格、果醬和起司，絕妙的意外組合！用自己喜歡的果醬做出各種變化吧。

材料　吐司1片（一份）

吐司…1片　原味優格…2大匙
喜歡吃的果醬…1～2小匙　披薩用乳酪絲…可依個人喜好調整用量

1

將原味優格倒在吐司上，塗抹均勻。

2

加上果醬並抹開。

3

撒上披薩用乳酪絲，用烤麵包機烘烤
3～4分鐘，直到吐司烤出焦色。

MEMO

藍莓、草莓、蘋果、柑橘醬之類的果醬都很適合喔。

輕鬆做冰淇淋

在懶人食譜中也備受歡迎的冰淇淋系列！
每一款都是不用在冷凍過程中攪拌的超簡單食譜，
只需要把放進冰箱以前的步驟做完，剩下的就是等待完成！
因為實在太簡單了，要是冰箱裡塞滿一堆冰淇淋，還請多多包涵。

超濃厚香草冰淇淋

步驟簡單且不需攪拌，卻擁有濃郁奶香和滑順口感，
簡直就是高級冰淇淋的味道！

材料　吐司1片（一份）

A	雞蛋…1顆 蛋黃…1個	砂糖…35g 鮮奶油…100cc	香草精…適量

1

將材料A打入碗中攪散，加入砂糖後以電動攪拌器打發至濃稠狀。

2

滴入香草精，快速攪拌。

3

將鮮奶油放入另一個碗，以電動攪拌器打發至八分。

POINT　建議使用脂肪含量高的鮮奶油。

4

將鮮奶油霜倒入步驟2的碗中，以橡膠刮刀快速攪拌。

5

倒入容器中，放入冰箱冷凍4～5小時。

MEMO

用剩的蛋白可以拿來做P.77的貓舌餅乾！

濃厚巧克力冰磚

將巧克力熬煮至濃稠狀，正是風味濃郁的關鍵。

材料　8個（一份）

鮮奶油…100cc　牛奶…100cc　可可粉…20g　砂糖…30g

1

將所有材料放入鍋中，以打蛋器攪拌。

2

當全體混合到一定程度後，以小火加熱，一邊攪拌，一邊熬煮至濃稠狀。

3

冷卻後倒入製冰盒，放入冰箱冷凍3～4小時。

MEMO

如果拿不太出來，可以在常溫下放置一段時間，或是將製冰盒的背面浸在水中，然後用小刀之類的工具把四邊挖開，便能完整取出。

製作時間5分鐘！

香蕉冰淇淋

只需要把材料放進保鮮袋裡混合就好。簡單到閉上眼睛也能做得出來！

材料　2～3人份

香蕉…2根　鮮奶油…100cc　蜂蜜…1大匙

1

將所有材料放入保鮮袋中，把香蕉壓碎並搓揉混合，直到呈現光滑狀。

POINT　根據香蕉的甜度來調整蜂蜜的用量。

2

將保鮮袋鋪平，放入冰箱冷凍2～3小時。

3

搓揉至柔滑狀後，便可將冰淇淋舀入容器中。

MEMO

建議使用完全熟透的香蕉。

110

香草巧酥冰淇淋

超受歡迎的經典口味！
香草冰淇淋×奧利奧夾心餅乾的最強組合，帶來不同層次的味覺享受♪

材料　2～3人份

雞蛋…1顆　砂糖…25g　鮮奶油…100cc
奧利奧餅乾…4片　香草精…適量

1

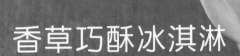

將雞蛋打入碗中攪散，加入砂糖後以
電動攪拌器打發至濃稠狀。

2

將鮮奶油放入另一個碗，以電動攪拌
器打發至八分。

3

將鮮奶油霜倒入步驟1的碗中，快速攪
拌。接著加入剝碎的奧利奧餅乾，並
滴入幾滴香草精，繼續拌勻。

4

倒入容器中，放入冰箱冷凍4～5小
時。

超人氣！
巧克力咖啡冰淇淋

將大家最喜歡的味道經典重現。
簡單的步驟，加上吃過一次就無法忘懷的口感，讓人試過一次就會想多次嘗試！

牛奶…400cc

A
砂糖…50g
即溶黑咖啡…4g
可可粉…4g

1

將材料 A 和100cc的牛奶倒入耐熱容
器中，以微波爐加熱1分鐘。

2

用打蛋器攪拌均勻，使其完全溶解。

3

倒入剩下的300cc牛奶，攪拌後倒進
保鮮袋中鋪平，冷凍2～3小時。

4

搓揉至柔滑狀後，便可將冰淇淋舀
入容器中。

只要2種材料！

紅豆牛奶冰棒

這也是一份非常簡單的食譜，只需不到5分鐘的時間就可放入冰箱。

材料　3根（一份）

蜜紅豆…200g　牛奶…100cc

1

將所有材料放入碗中，用湯匙拌勻。

2

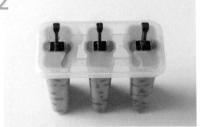

倒入冰棒模具，插入冰棒棍後放入冰箱冷凍4～5小時。

POINT　也可以用製冰盒來製作。

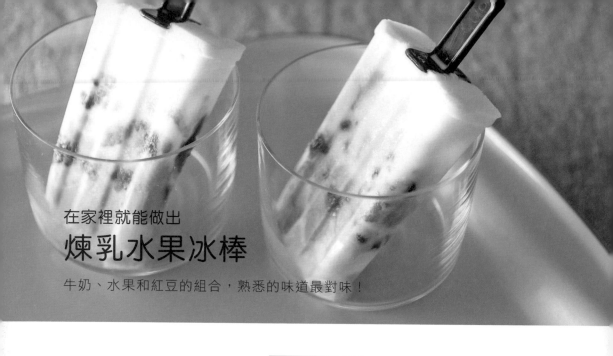

在家裡就能做出
煉乳水果冰棒

牛奶、水果和紅豆的組合，熟悉的味道最對味！

材料　2～3人份

綜合水果罐頭…適量

A ｜ 牛奶…150cc
　　煉乳…2大匙

蜜紅豆…適量

1

從水果罐頭中取出果肉，切細。

2

將材料A倒入量杯中，用湯匙拌勻。

3

將步驟1的水果和蜜紅豆，適量地輪流放入冰棒模具中。

4

倒入步驟2的牛奶和煉乳，插入冰棒棍後放入冰箱冷凍4～5小時。

POINT　也可以用製冰盒來製作。

Chapter

12

用微波爐做
日式和菓子

做工繁複又費時，感覺不太好做的和菓子，
竟然用微波爐就能做得出來！
所有食譜都不需要特殊的用具和材料，
請務必搭配美味的茶飲一起享用♪

柔軟中帶有嚼勁！

奶油麻糬

加入奶油，就能做出綿軟香甜又彈牙的麻糬。
溫潤甘甜和濃郁奶香，讓人一吃就愛上的好滋味。

日式麻糬片…3個
太白粉（裏粉用）…適量

A ｜ 蛋黃…1個
　　砂糖…25g
　　奶油…15g

1

將日式麻糬片放入耐熱玻璃碗，淋上
3大匙的水，以微波爐加熱2分30秒。

POINT　如果還有一些地方硬硬的，就
繼續加熱。

2

等麻糬片軟化後，加入材料A，以橡
膠刮刀攪拌至整體均勻。

POINT　持續攪拌，就能使材料逐漸混
合在一起。

3

放在鋪有太白粉的工作檯上。

4

雙手沾上一些太白粉，將麻糬捏成喜
歡的大小。

Chapter
12

用微波爐做日式和菓子

MEMO

奶油麻糬在常溫下可以放1天，冷藏的
話可保存2～3天左右。麻糬冰過以後
會變硬，在吃之前請先用微波爐加熱，
或是用烤麵包機烤脆之後再享用。

只要3種材料！
Q彈嫩滑牛奶凍

也可以根據自己的喜好加入瀝乾的果肉，做出美味的水果牛奶凍！

材料　10cm x 10cm的容器1個（一份）

牛奶⋯250cc

A │ 砂糖⋯15g
　│ 洋菜粉⋯1g

1

100cc的牛奶與材料A混合後倒入大耐熱玻璃碗，微波加熱2分～2分30秒。
POINT　碗要夠大，以免材料溢出。

2

待沸騰後取出，以打蛋器拌勻並加入剩下的牛奶，繼續攪拌。

3

倒入容器中，放入冰箱冷藏1～2小時，使其冷卻凝固。

MEMO

因為是用少量的洋菜粉做的，口感會比較柔軟嫩滑。

只要3種材料！

水羊羹

又是一道既簡單又超快速的甜點！
只要照著食譜，就能做出男女老幼都愛吃的水羊羹。

材料　14cm迷你磅蛋糕烤模1個（一份）

A | 水…250cc
　 | 洋菜粉…2g

紅豆沙…200g

1

將材料 A 倒入容量偏大的耐熱玻璃
碗，以微波爐加熱3分30秒～4分鐘。

2

待沸騰後取出，以打蛋器拌勻後加入
紅豆沙，攪拌均勻。

3

倒入鋪上保鮮膜的烤模中，冷卻後放
入冰箱冷藏2～3小時，使其冷卻凝
固。

MEMO

沒有磅蛋糕烤模的
話，也可以用尺寸相
近的容器來替代！

不用蒸就能做的
栗子羊羹

以高雅的味道大受歡迎的栗子羊羹，
一樣跟著食譜就能做！
把栗子放多一點也很好吃喔。

| A | 紅豆沙…200g
低筋麵粉…30g
砂糖…20g
水…100cc | 糖煮栗子…4顆 |

1

將材料A放入碗中，以橡膠刮刀攪拌。

2

一邊用濾茶器過濾，一邊將步驟1的羊羹糊倒入耐熱玻璃碗中，輕輕包上一層保鮮膜，以微波爐加熱3分鐘。

3

取出來攪拌均勻後，再次輕輕包上一層保鮮膜，以微波爐加熱2分鐘。

4

從微波爐取出，充分拌勻，放入鋪有保鮮膜的烤模中。

POINT 把湯匙沾濕後，用湯匙的背面往下壓，讓烤模的底部和邊緣都確實填滿羊羹。

5

將糖煮栗子輕輕塞進羊羹中，冷卻後放入冰箱冷藏2～3小時，使其冷卻凝固。

MEMO

烤模也可以用現有的長方形餐盤或玻璃容器之類的來替代！

如雪花般融化的
抹茶淡雪羹

特點是口感綿密，入口即化，還有濃郁的抹茶香味。
由於給人一種高級的印象，特別適合拿來招待客人。

A	砂糖…25g
	抹茶粉…2大匙
	洋菜粉…2g

水…75cc
蛋白…1個

1

將材料A放入耐熱玻璃碗，以打蛋器拌勻。

2

加入75cc的水，繼續攪拌。

3

將蛋白放入另外一個碗中，以電動攪拌器打發，打出濃稠偏硬的蛋白霜。

4

將步驟2的抹茶液以微波爐加熱40秒，先取出攪拌一次，接著再次加熱1分～1分30秒，待沸騰後取出，以打蛋器充分拌勻。

5

趁熱將步驟4少量分次地加入步驟3的碗中，以打蛋器拌勻。

6

倒入以水沾濕的容器中，放入冰箱冷藏2～3小時，使其冷卻凝固。

Chapter
12
用微波爐做日式和菓子

簡單又可愛! DIY懶人包裝法

要不要試著用任何人都能輕鬆完成的可愛包裝,來裝飾做好的點心呢?
每一樣材料都可以在百元商店買到喔♪

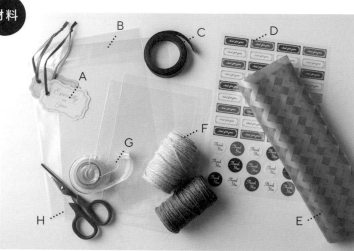

材料

A.標籤吊牌
形成視覺上的焦點,讓包裝顯得可愛又精緻!有些款式還可以寫上一些留言。

B.透明包裝袋
根據要包裝的點心選擇合適的大小,或是底部是否需要撐開。

C.緞帶
增添華麗感。選擇自己喜歡的顏色吧。

D.貼紙
輕鬆提升時尚感的重要道具。

E.包裝紙
花樣豐富,可以根據自己想要的設計,完成各式各樣的包裝。

F.麻繩
使用2種顏色的麻繩,就能讓包裝的視覺效果更上一層。

G.隱形膠帶
不會影響外觀的透明霧面材質,用來固定透明包裝袋的好幫手。

H.剪刀
平常在用的剪刀就OK!使用前記得檢查工具是否乾淨。

磅蛋糕烤模的包裝

1

將蛋糕連同烤模一起放入尺寸相近的有底透明包裝袋。

2

將蛋糕推向包裝袋的邊緣,把多餘的包裝袋往內折後,用隱形膠帶固定。袋口一樣用膠帶來封住。

3

將麻繩在包裝袋上繞出十字結,確認需要的長度後,用剪刀剪下。

4

準備另外一條不同顏色的麻繩,剪成和步驟3一樣的長度。

5

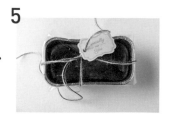

將2種顏色的麻繩重疊,在包裝袋上綁出十字結後,穿過標籤吊牌打上蝴蝶結。

在步驟2的時候,盡可能讓蛋糕和包裝袋之間沒有多餘的空隙,再用膠帶緊密固定,就能有平整好看的成品♪

124

鋁箔杯的包裝

1

避免包裝袋沾上油脂，先將鋁箔杯裏上一層烘焙紙再放入透明包裝袋中。

→

2

把烘焙紙拿掉，接著用隱形膠帶封住袋口。將2種顏色的麻繩重疊，在包裝袋上綁出蝴蝶結後，貼上貼紙。

餅乾類的包裝

1

將包裝紙剪成剛好能放進透明袋的大小，放進袋中。

→

2

用筷子將餅乾輕輕推入袋中後，袋口折起，用隱形膠帶封上。

→

3

將緞帶剪短並以適當的比例交叉，在重疊的部分貼上貼紙固定。

切塊蛋糕的包裝

1

用剪刀將透明包裝袋的其中一側和底部剪開。攤成1張。

→

2

將切塊蛋糕的圓形部分與包裝袋的中折線對齊。

→

3

從底部開始，沿著蛋糕的邊緣往上包，不要留下多餘的空隙。接著用同樣的方式包裹左側。

4

把多出來的部分折起來，在正面看不到的地方，用隱形膠帶固定住。接著用同樣的方式包裹剩下的部分。

→

5

將全體不留縫隙地包好後，在正面貼上貼紙。

 完成！

固定的時候，盡量不要讓包裝袋的折痕和膠帶跑到正面♪

125

食材類別索引

127

高寶書版集團
gobooks.com.tw

CI 149
會吃就會做的零失敗甜點：日本書店員票選「最想推薦的甜點書」Top1
材料2つから作れる! 魔法のてぬきおやつ

作　　者　簡單廚房
譯　　者　高秋雅
主　　編　吳珮旻
編　　輯　鄭淇丰
封面設計　鄭佳容
內頁排版　賴姵均
企　　劃　何嘉雯

發 行 人　朱凱蕾
出　　版　英屬維京群島商高寶國際有限公司台灣分公司
　　　　　Global Group Holdings, Ltd.
地　　址　台北市內湖區洲子街88號3樓
網　　址　gobooks.com.tw
電　　話　（02）27992788
電子信箱　readers@gobooks.com.tw（讀者服務部）
　　　　　pr@gobooks.com.tw（公關諮詢部）
傳　　真　出版部（02）27990909
　　　　　行銷部（02）27993088
郵政劃撥　19394552
戶　　名　英屬維京群島商高寶國際有限公司台灣分公司
發　　行　英屬維京群島商高寶國際有限公司台灣分公司
初版日期　2020 年 12 月

Zairyo Futatsu Kara Tsukureru ! Mahou No Tenukioyatsu
Copyright © 2020 by Tenukicchintchen
Originally published in Japan in 2020 by WANI BOOKS CO., LTD.
Complex Chinese translation rights arranged with WANI BOOKS CO., LTD., through jia-xi books co., ltd., Taiwan, R.O.C.
Complex Chinese Translation copyright © 2020 by Global Group Holdings, Ltd.

國家圖書館出版品預行編目(CIP)資料

會吃就會做的零失敗甜點：日本書店員票選「最想推薦的甜點書」Top1 / 簡單廚房著；高秋雅譯. -- 初版. -- 臺北市：高寶國際出版：高寶國際發行, 2020.12
　　面；　公分. --（嬉生活；CI149）
譯自：材料2つから作れる!魔法のてぬきおや

ISBN 978-986-361-946-8（平裝）

1.點心食譜

427.16　　　　　　　　　　　　　　　　109017791